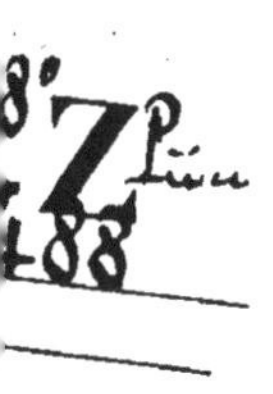

DISCOURS

PRONONCÉS

A L'ACADÉMIE DES SCIENCES, BELLES-LETTRES & ARTS

DE ROUEN

PAR

M. CH. LEVAVASSEUR

ROUEN

IMPRIMERIE DE ESPÉRANCE CAGNIARD

rues Jeanne-Darc, 88, et des Basnage, 5

1886

DISCOURS

PRONONCÉS

A L'ACADÉMIE DES SCIENCES, BELLES-LETTRES & ARTS

DE ROUEN

PAR

M. CH. LEVAVASSEUR

ROUEN

IMPRIMERIE DE ESPÉRANCE CAGNIARD

rues Jeanne-Darc, 88, et des Basnage, 5

—

1886

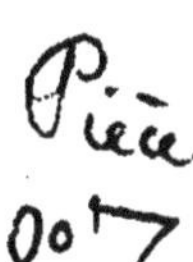

RÉPONSE

AU

DISCOURS DE RÉCEPTION DE M. HOMAIS

RÉPONSE

AU

DISCOURS DE RÉCEPTION

DE

M. HOMAIS

Par M. Ch. LEVAVASSEUR

Mesdames et Messieurs,

Depuis bientôt un siècle, toutes les institutions de l'ancien régime ont disparu sous l'influence des mœurs et des idées de notre temps, ou sous la puissance irrésistible du flot populaire.

Il en est une, cependant, qui, malgré d'incessantes transformations, des secousses qui ont ébranlé la société jusque dans ses bases les plus profondes, est restée intacte et debout, c'est l'antique et noble institution du barreau. Si le règne de la Terreur lui imposa silence, c'est qu'il redoutait sa voix éloquente et honnête.

A quelle cause attribuer sa durée, sa solidité?

Aux lumières qu'il entretient dans son sein, et qui, sans jamais s'éteindre, apparaissent plus brillantes à chaque génération ; à la dignité de conduite et de caractère de ses membres, qui savent que l'honneur est la première des lois ; à l'esprit d'indépendance dont elle est animée vis-à-vis des pouvoirs publics dont elle ne sollicite ni les faveurs ni les subsides, mais qu'elle doit et sait respecter ; enfin, et c'est là sa plus grande force, aux conseils intimes qu'elle donne chaque jour aux citoyens qui ont à défendre leurs intérêts et leur honneur.

C'est au choix d'un tel barreau, juste appréciateur de votre science comme jurisconsulte, de votre loyauté dans la discussion des affaires, de vos qualités comme homme privé que vous avez dû, Monsieur, l'honneur d'avoir été élu deux fois bâtonnier de votre Ordre, honneur qui a été recherché de tout temps et que recherchent encore les hommes le plus hant placés dans l'opinion publique par leurs talents ou leurs services. C'est parmi eux que le suffrage populaire et les assemblées politiques vont chercher le plus souvent les représentants de la nation, ceux qui doivent régler ses destinées.

Qu'on ne s'étonne donc pas d'une telle préférence ?

Des hommes rompus au travail, doués du don de la parole, habitués à traiter les plus grandes comme les plus petites affaires, en possession d'une nombreuse clientèle et de la renommée, semblent répondre mieux que d'autres aux nécessités d'une époque où avant tout il faut savoir parler en public.

L'Académie, en vous ouvrant ses portes, s'estime heureuse de compter parmi les siens un confrère qui lui apporte, outre l'appui de son talent, le témoignage de la haute confiance qu'il a su inspirer à l'honorable corporation qui l'a mise à sa tête.

Peu de temps après votre élection, vous avez voulu, à la reprise des conférences, remercier vos confrères, et, pour me servir de vos propres expressions, *vous entretenir avec eux à cœur ouvert.*

D'une main magistrale, vous avez tracé les devoirs qu'ils ont tous à remplir les uns envers les autres ; vous avez aussi emprunté à l'histoire du droit les citations les plus heureuses, mais, quelle qu'ait été votre érudition, l'heureuse forme de votre discours, vous n'aviez que peu de choses à apprendre aux anciens de votre Compagnie.

Ils avaient, par leur mérite et leur science, devancé vos conseils.

C'est le ton cordial, j'oserais dire paternel avec lequel vous vous êtes adressé à vos jeunes confrères qui m'a vivement touché.

Votre cœur s'est pleinement ouvert en parlant à une jeunesse ardente et sensible qui ne demande qu'à entrer dans le chemin de la vie, mais aussi dès les premiers pas, ne trouve, quoi qu'elle fasse, qu'obstacles et motifs de découragement.

Tout ce qu'il est possible de dire pour écarter loin d'elle tout sentiment de défaillance, vous l'avez dit, mais je suis sûr qu'en parlant à vos jeunes amis vous avez fait aussi un retour sur vous-même, vous vous êtes rappelé vos premières années d'études et de luttes.

Ce sont là des épreuves qu'un homme de courage comme vous, Monsieur, peut supporter, mais ne peut oublier. Aussi, avec quelle bonne grâce vous avez tendu la main à ceux qui sont appelés à suivre votre loyal drapeau.

Permettez-moi, je vous prie, une comparaison, trop ambitieuse, j'en conviens, car je vais l'emprunter à la guerre, tout homme de paix que je suis.

Quand un général commande de jeunes troupes qui peuvent être ébranlées à la vue des hautes murailles qu'il faut franchir, n'est-il pas tenté de leur dire : « Et moi, aussi, j'ai été soldat, suivez-moi et vous vaincrez. »

Vous avez le droit, Monsieur, de tenir ce langage, car vous avez vaincu à force de loyauté et de bon exemple.

Vous n'avez pas moins excité mon intérêt quand, après avoir recommandé le courage, vous avez, avec un art tout particulier, parlé de la confraternité qui existe parmi les membres du Barreau.

Vous seriez peut-être contredit par un plaideur malheureux qui, ayant vu deux avocats s'escrimer en paroles, prêts à en venir aux mains pendant la chaleur des plaidoiries, les aurait revus à la sortie de l'audience, se serrer la main comme deux amis qui s'adorent ; il serait tenté de se défier de leur sincérité, mais il se tromperait gravement.

On ne peut demander que des hommes qui, l'un et l'autre, se sont dévoués à leurs clients et ont bien défendu leurs intérêts, se détestent à jamais, deviennent des ennemis irréconciliables, quand ils savent à l'avance que l'un des deux doit perdre sa cause.

C'est au nom de la confraternité, de l'estime qu'ils ont

l'un pour l'autre, qu'après la chaleur de l'action ils aiment à se donner une aimable poignée de main.

Dans un duel bien réglé, ne donne-t-on pas la main à son adversaire, quand de part et d'autre il a été satisfait à l'honneur ?

C'est au plaideur à être prudent, à ne pas se jeter mal à propos dans l'arène du combat.

Rendons cette justice au Barreau moderne que non-seulement il abrège les plaidoiries, qui sont moins longues aujourd'hui qu'autrefois, mais encore qu'il y apporte une courtoisie, une réserve, une délicatesse de paroles qui n'existait pas jadis.

Dans ma tendre jeunesse, j'ai entendu des avocats jouissant de la considération générale qui, à propos de la moindre question d'intérêt, remontaient jusqu'à je ne sais quelle génération pour démontrer que leur partie adverse n'avait ni foi ni loi, et que leur client était la probité incarnée.

Aujourd'hui l'on débat avec plus ou moins d'ardeur ou de talent la question d'intérêt, mais on respecte les personnes.

Si votre qualité de bâtonnier vous offre, Monsieur, l'heureuse occasion de donner à vos jeunes confrères de bons conseils et procure au public le plaisir de vous lire, ne peut-elle pas amener aussi des petits incidents qui ont un caractère moins sérieux et vous distraient gaîment de vos travaux.

Il m'a été rapporté, à tort peut-être, qu'alors que votre esprit était assiégé par de hautes questions de droit, de morale et d'histoire dont vous me permettrez de parler tout à l'heure, des écrivains à bout de paradoxes et ne sachant quoi inventer, avaient prétendu, au nom de la liberté, de l'égalité, de la fraternité, que les avocats portaient un costume aristocratique qui n'était plus de notre temps et qu'il fallait le supprimer.

La toque et la robe leur portaient ombrage. C'était une bête noire qu'il fallait abattre.

Là-dessus, vous avez cru devoir intervenir et soutenir, non plus par la parole, mais la plume à la main, la dignité du costume traditionnel. Vous auriez dit qu'il ne nuit en rien au plaideur puisqu'il peut venir défendre sa cause avec le vêtement qui lui convient, mais que le costume de l'avocat, si l'on a recours à lui, a pour but de maintenir aux yeux du public le caractère d'unité et d'égalité qui convient surtout devant la justice.

Grâce vous soit rendue, Monsieur, de votre intervention, car il y a trop de gens qui, après avoir dépouillé l'avocat de sa robe et de sa toque, seraient tentés de s'attaquer au bien d'autrui.

Tout s'enchaîne dans l'ordre social : qu'on y laisse pratiquer une brèche, la place sera bientôt envahie et saccagée.

C'est ce que vous avez voulu empêcher, Monsieur, avant que l'on ne pût invoquer le droit de prendre à son voisin ce qu'on lui trouve de trop.

Quoi qu'il en soit, vous avez fait preuve d'esprit dans nn débat qui, s'il n'avait rien de solennel, avait son côté utile et vrai ; les rieurs, bons juges en pareille matière, ont été de votre côté.

Je suis coupable, Monsieur, de m'arrêter à d'aussi

petits détails quand je devrais vous entretenir des choses vraiment grandes auxquelles vous vous êtes livré.

Vous élevant à la hauteur du moraliste, vous êtes venu combattre et flétrir, au milieu d'une assemblée religieuse et populaire, un vice qui corrompt et déshonore la société moderne, le vice de l'ivrognerie.

Témoin des misères, des malheurs, des crimes qu'il entraîne chaque jour, vous avez cité, après bien d'autres exemples, un fait capable d'émouvoir le cœur le plus endurci, fait accompli cependant par un homme qui, d'ordinaire, était laborieux et honnête.

Un jour, cet homme quitte la ville de Gournay pour venir à Rouen ; il lui faut attendre le train qui doit l'emporter. Il entre dans un cabaret de village.

Le voici en face du fatal alcool ; il boit, boit encore et sans mesure.

Il sort, mais ce n'est plus un homme, c'est une bête furieuse.

Il s'attache aux pas d'un vieillard qui veut bien se charger de lui trouver un gîte. Quelques instants après il le renverse, l'étouffe, lui arrache les entrailles qu'il dévore, et laisse sur le chemin un cadavre mis en pièces après les plus honteuses mutilations.

Qui a fait cela ?

L'alcool, le *delirium tremens,* maladie affreuse dont il est la cause.

Le jury, entraîné par vos éloquentes prières, a fait grâce au coupable de la mort, mais à l'heure présente il expie son crime sous un ciel lointain par une peine perpétuelle.

Aprés avoir cité plusieurs faits déplorables, mesuré la profondeur d'un mal qui va sans cesse grandissant, indiqué les essais infructueux faits en Angleterre et aux Etats-Unis pour le guérir, vous finissez par un appel au bon sens, à l'intérêt, au cœur de gens qui font le désespoir de leurs familles.

J'aurais voulu, Monsieur, que familiarisé avec la loi, connaissant la faiblesse et l'inefficacité de la législatión qui nous régit, vous eussiez cherché, dans une nouvelle disposition du Code pénal, le moyen sinon de détruire, au moins d'atténuer un fléau plus dangereux que le choléra, dont il est d'ailleurs le puissant auxiliaire.

Il me semble qu'entr'autres peines, on devrait tout d'abord priver du droit électoral tout citoyen condamné pour le fait d'ivrognerie et non pas seulement le récidiviste.

La dignité du suffrage universel n'aurait qu'à y gagner.

Les débitants qui favorisent, encouragent ou s'associent au vice de l'ivrognerie ne pourraient-ils pas être rendus solidaires du délit ou du crime que trop souvent ils favorisent et même provoquent?

Il ne m'appartient pas d'indiquer les remèdes pour lesquels votre compétence excède de beaucoup la mienne, mais je suis porté à croire que si le législateur s'affranchissait de la crainte de l'impopularité qui s'attache à toute mesure sévère, il pourrait arrêter le progrès d'une plaie qui dévore la société et est la cause principale de la démoralisation dont chacun se plaint, et contre laquelle il est du devoir d'un gouvernement, quelle que soit sa forme, de réagir énergiquement. C'est surtout son devoir quand tous les citoyens sont appelés à participer à la souveraineté nationale. Il faut au moins qu'elle soit exempte de tout alliage impur, de tout élément contraire à la morale publique.

Le Parlement suédois a voté récemment une loi des plus sévères contre l'ivrognerie. Serions-nous tombés en France à un tel degré de faiblesse qu'on n'osât pas déplaire à une classe de citoyens indignes de ce nom.

Vous avez tenu, Monsieur, le langage du moraliste, mais permettez-moi de le dire, d'une voix trop timide.

Quand, au contraire, vous avez pris la plume de l'historien pour nous révéler le drame de l'avocat Aumont, sacrifié aux passions politiques, vous avez montré une fermeté de pensée pour laquelle je ne saurais trop vous louer.

Rappeler aux générations actuelles et futures les excès criminels du passé, c'est peut-être les empêcher d'y tomber à leur tour; si l'on n'y réussit pas, c'est au moins une noble tentative.

Aumont, ancien avocat au Parlement de Normandie, sincère patriote, partisan ardent mais honnête des principes de 89, voit Louis XVI prêt à comparaître comme accusé devant la Convention et menacé du sort qui lui était malheureusement réservé. Alors l'injustice lui apparaît. Il ne connaît plus le danger, rédige une pétition d'ailleurs pleine de modération et de respect où il supplie la Convention de ne pas mettre en jugement un monarque qu'elle n'a pas le droit de juger, puisqu'elle n'a reçu pour exercer ce droit aucun mandat de la nation.

Aumont fait imprimer un modèle de cette pétition par l'imprimeur Le Clerc, et dans un journal de ce temps invite les citoyens de Rouen à en prendre connaissance chez lui, place de la Rougemare, à la signer s'ils l'approuvent.

Son cabinet est bientôt envahi par un grand nombre de signataires et devient trop étroit : alors c'est sur la place publique qu'on se rend. Là, les têtes s'échauffent un peu, car il y a des opposants à la pétition. Toutefois point de faits graves, point d'émeute. Cet état de choses est bientôt porté à la connaissance de la municipalité qui est assez influente pour faire décerner un mandat d'amener contre Aumont et ses prétendus complices.

Une enquête est faite à Rouen et en même temps deux citoyens municipaux, pour flatter les mauvaises passions du jour, vont dénoncer au sein de la Convention leurs compatriotes et demander leur mise en accusation.

La Convention ordonne la translation des prévenus à Paris.

Après six mois d'angoisses, Aumont, l'auteur de la pétition, Le Clerc, l'imprimeur et vingt-un autres prévenus, parmi lesquels des femmes et des enfants, comparaissent devant le tribunal criminel : dix sont acquittés à cause de leur âge ou de leur sexe, et onze sont condamnés et exécutés, en tête desquels figurent Aumont et Le Clerc.

Rien de plus digne, de plus touchant que la lettre adressée par Aumont à sa femme avant de monter à l'échafaud. Notre auditoire serait profondément ému s'il en entendait la lecture, mais nous ne voulons pas ici remplir le rôle de l'historien ; c'est à notre nouveau confrère qui a recherché les documents d'un attentat que l'histoire appelle le *Procès des citoyens de Rouen* qu'il faut laisser le mérite d'avoir exhumé cette lettre et retracé, avec une précision et un talent remarquables, les scènes d'un drame qui nous apprend qu'à certaines époques les passions politiques produisent aussi une sorte d'ivresse quand le pouvoir est assez faible pour leur laisser libre carrière, ou assez coupable pour les encourager.

Il n'a pas suffi, Monsieur, à votre cœur généreux d'avoir été récemment l'interprète ému de la profonde douleur qu'a causée la mort imprévue de l'honorable M. Hardouin, cet homme si jeune, qui avait devant lui un si brillant avenir, vous avez voulu, en entrant dans notre Compagnie, vous souvenir du passé et rendre un nouvel hommage à la mémoire de trois hommes qui, par leurs paroles et leurs écrits, ont honoré tout à la fois le Barreau et l'Académie : MM. Paul Vavasseur, Chassan et Frédéric Deschamps.

Pour bien parler des personnes et être juste il faut les avoir connues ou s'être familiarisé avec leurs œuvres.

Les fragments de poésie que vous avez empruntés à M. Paul Vavasseur me font regretter le malheur que j'ai eu de ne pas avoir connu l'aimable poète que vous célébrez, et vous me pardonnerez de rester à son égard sous le charme des gracieuses compositions que vous venez de nous faire entendre.

Combien au contraire sont présents mes souvenirs pour MM. Chassan et Deschamps, avec lesquels j'ai eu de bonnes relations !

Personne n'était en meilleure situation que vous pour apprécier leurs mérites et leurs œuvres. Dans votre première jeunesse, vous avez eu la bonne fortune de les entendre et de les prendre pour vos maîtres. En leur payant un tribut de reconnaissance, vous avez obéi à un sentiment qui vous fait honneur.

Permettez-moi de vous suivre et d'ajouter quelques mots à ce que vous avez si bien dit.

M. Chassan s'était fait un nom dans les questions de droit. Il s'était particulièrement appliqué à interpréter la législation sur la presse. De son temps, qui est le mien, les questions touchant la liberté de la presse passionnaient les esprits et devant les tribunaux étaient l'objet des luttes les plus ardentes ; ces luttes, d'abord engagées dans les Chambres, avaient du retentissement dans tout le pays, dans tous les partis. L'opinion de M. Chassan était alors invoquée comme une autorité, et souvent prévalait.

C'est un genre de succès qu'ont toujours envié les meilleurs légistes.

Il aimait, au point de vue de la science du droit, à remonter jusqu'aux époques les plus reculées. Parlant des âges primitifs, il nous a révélé qu'aux temps où l'écriture était ignorée, les formules juridiques étaient prononcées avec un accent harmonieux et cadencé, pour qu'elles pussent se graver plus profondément dans la pensée humaine.

A supposer que cette tradition ne soit qu'une légende, elle n'est pas moins ingénieuse, car elle atteste que l'homme a toujours eu conscience de ce qui est juste, et senti la nécessité des lois pour régler ses passions ou ses intérêts.

Vous avez raison de nous rappeler que M. Chassan était le compatriote, le protégé, j'oserais dire l'ami de M. Thiers.

A l'époque où j'avais l'honneur de fréquenter cet homme d'Etat, il aimait à me dire, quand je revenais de Rouen : « *Comment va Chassan? il est très fort dans les questions de droit ; je le tiens aussi pour un lettré.* »

Il me semble qu'en fait de belles-lettres et de productions de l'esprit, on peut se fier au jugement de M. Thiers.

M. Frédéric Deschamps, né parmi nous, a marché de succès en succès depuis notre Lycée où il remportait les premiers prix, jusqu'au Barreau, où bientôt il se plaça aux premiers rangs.

Peut-être n'oserais-je pas, comme vous, Monsieur, en faire l'égal de Berryer. Il n'avait ni la belle physionomie du grand orateur, ni son magnifique organe ; enfin il manquait de cette chaleur passionnée qui subjugue et entraîne un auditoire. Mais, comme M. Dufaure, il était armé d'une logique impénétrable qui ne laissait pas un seul interstice par où pût passer l'argument de sa partie adverse.

Quoique chargé d'affaires, M. Deschamps donna aux lettres une bonne partie de son existence. Tous les genres de poésie lui étaient familiers, et nous ne pouvons que vous féliciter d'avoir choisi parmi ses œuvres cette belle pièce de vers qui a pour titre l'*Œil de Dieu*. En vous entendant réciter cette suave poésie, digne de Lamartine, nous nous disions que M. Deschamps n'avait pu trouver d'aussi touchantes inspirations qu'en élevant sa pensée vers Dieu, en le priant d'allumer dans le cœur de son fils au berceau, cette flamme divine qui engendre les grands et nobles sentiments.

MM. Chassan et Deschamps, hommes laborieux, gens d'esprit dans le monde, aimables pour tous, marchaient d'un pas égal au Palais et à l'Académie.

Il semblait que dans la plénitude de leur force et de leur talent, ils ne dussent trouver aucun obstacle dans leur carrière, l'un comme organe du ministère public, l'autre comme membre du Barreau.

Mais ils avaient compté sans la maudite politique qui renverse tout sur son passage, broye les uns, élève les autres, et va jusqu'à briser trop souvent les liens d'une étroite amitié.

La Révolution de 1848 éclate. M. Chassan, avocat-général près la Cour de Rouen, fidèle à ses affections, descend de son siège et entre au Barreau, à une époque où le travail a cessé, où tous les intérêts sont paralysés, où la guerre civile semble toujours prête à renaître.

Comment, dans ces conditions, se faire une clientèle lorsque les premières années de la jeunesse ne l'ont pas préparée? La mauvaise fortune porte souvent à l'homme des coups si rudes, si imprévus, que malgré les plus courageux efforts il ne peut lutter contre elle.

M. Deschamps, étranger aux affaires administratives,

est appelé dans le même temps par M. Ledru-Rollin à administrer notre département.

Combien, au milieu du déchaînement des partis, du tumulte des rues, d'une crise financière, M. Deschamps dut regretter les jours heureux où les clients l'attendaient tranquillement à la porte de son cabinet, où les magistrats l'entendaient avec un vif plaisir, où enfin la poésie venait charmer ses loisirs.

Aussi, lorsque la politique s'éloigna de lui, reprit-il avec une nouvelle ardeur ses anciens travaux.

MM. Chassan et Deschamps ont eu une fin prématurée; mais ni l'un ni l'autre ne seront oubliés, ni par le public ni par les Compagnies auxquelles ils ont appartenu.

L'Académie, qui fuit la politique et la tient pour une mauvaise conseillère, qui aime le calme et ne se plaît que dans la culture des sciences, des arts et des lettres, s'estime heureuse de tendre une main fraternelle à vous, Monsieur, qui, comme jurisconsulte, moraliste, historien, lui avez donné des gages de mérites divers que le temps ne fera qu'accroître et consacrer.

RÉPONSE

AU

DISCOURS DE RÉCEPTION DE M. NIEL

RÉPONSE

AU

DISCOURS DE RÉCEPTION

DE M. NIEL

Par M. Ch. LEVAVASSEUR

Mesdames et Messieurs,

De toutes les sciences l'histoire naturelle est celle qui offre la plus large part à l'étude, car elle embrasse dans ses recherches le monde entier, soit qu'il faille descendre dans les profondeurs du sol pour y découvrir les richesses qu'il renferme, soit que la terre, l'air ou les eaux offrent à nos yeux les êtres qui portent en eux le signe de la vie.

Cette science n'est pas moins attrayante, car plus elle nous montre les merveilles de tout ce qui nous entoure, sous des aspects divers, des formes et des besoins différents, plus elle attire et élève notre esprit vers le créateur de toutes choses.

Cependant, si puissant que puisse être le génie humain, il n'a pu, même en se bornant à la seule étude du règne végétal, que connaître isolément chaque plante ayant à des degrés divers la vie en partage et le mode d'existence qui lui est propre.

Les savants qui se sont voués à l'étude des végétaux

n'ont donc procédé, d'abord, que par voie d'analyse, et plus tard, après de longues et patientes observations, sont arrivés, par la synthèse, à grouper chaque famille, chaque genre, chaque espèce, avec leurs variétés, et à établir ainsi des classifications basées sur l'organisme qui les rapproche ou les différencie.

Vous, Monsieur, qui avez un heureux goût pour la campagne, quoique nous tenions à dire que vous êtes né parmi nous et qu'à ce titre vous nous êtes particulièrement cher, vous ne vous êtes pas contenté du simple aspect des champs, de l'air pur qu'on y respire, jouissances tranquilles qui suffisent à la plupart des hommes de loisir, vous avez voulu, par une honorable exception, associer au plaisir que donnent d'agrestes excursions le plaisir encore plus grand de vous initier aux secrets de la nature.

Heureux celui qui, loin des soucis ordinaires de la vie, peut pénétrer ses secrets et les révéler ; son esprit, tout en travaillant, se rafraîchit, se développe, agrandit le domaine de la science, soit qu'il découvre des végétaux propres à l'alimentation ou au rétablissement de la santé, soit qu'il fasse naître ces jolies fleurs qui font la parure de nos parterres, le charme et les délices de nos aimables compagnes.

Il me semble Monsieur, que l'étude du règne végétal, dans les conditions où vous êtes placé, doit être pour vous une sorte de culte.

Habiter sa propre campagne, au milieu des plantes et des fleurs, de ces riantes familles que toujours l'on aime, les fréquenter avec un soin assidu, être sûr qu'elles vivent et vivront constamment en paix, qu'elles ont entr'elles un amour fécond et discret, que la jalousie n'a jamais pénétré dans leur cœur, qu'elles sont pleines de sensibilité et de délicatesse, n'est-ce pas là l'idéal du rêve le plus fortuné ?

Ces familles qui sont vos amies et donnent de si bons exemples devraient bien servir de modèle aux pauvres humains. Que de ménages aujourd'hui divisés vivraient en meilleur accord !

Si les plantes possédaient une langue, peut-être nous diraient-elles des vérités un peu dures à entendre ; tout est donc pour le mieux dans l'ordre de la création, qui a donné à chaque famille des organes et des aspirations qui ne sont pas les mêmes.

Moi aussi, Monsieur, je voudrais vous tenir compagnie dans vos agréables promenades, jouir de vos fructueuses recherches, faire ce que font volontiers les savants entre eux, vous chercher un peu querelle, quand nous ne verrions pas les choses du même œil; mais pourquoi faut-il que je n'aie pas été aussi laborieux que vous, que j'aie vite oublié le peu que j'avais appris d'un maître vénéré, du savant M. Marquis, que notre Compagnie a eu l'honneur de compter parmi les siens, et dont elle a conservé la mémoire avec un pieux souvenir.

Comme d'autres, j'ai porté alertement sur mes épaules la boîte de fer blanc, l'heureux jour du jeudi, et couru les champs, à la suite de l'aimable professeur, dont je vois encore la riante physionomie, dont je crois entendre la voix douce mais accentuée, quand il parlait avec un amour tout paternel d'un mode de classification qui lui était cher et auquel la plupart des élèves sont restés fidèles; moi, j'ai eu le tort grave de ne pas l'être. On est bien léger à quinze ans et j'eus les défauts de mon âge; me promener librement dans les jours de congé avec mes meilleurs amis me parut chose plus agréable que de me livrer, sous la conduite d'un maître, si bon qu'il fût, à l'étude du règne végétal.

Donc j'y renonçai sous le commode prétexte de conquérir plus sûrement l'éminent titre de bachelier qu'alors cependant l'aréopage universitaire octroyait avec une touchante libéralité.

Anjourd'hui je n'ai plus pour tout souvenir de mes savantes recherches, pour tout monument de mes travaux, que ma boîte de fer blanc, aussi rouillée que ma mémoire.

Si je fus peu gracieux pour un maître qui l'était tant pour moi, combien je fus ingrat envers l'Académie.

Voulant encourager l'étude des sciences, elle avait décerné, il y a maintenant cent ans, un prix de mathématiques à Jacques Levavasseur et un prix de botanique à Charles Levavasseur.

Il faut qu'elle soit bien indulgente pour avoir daigné admettre dans son sein un arrière-petit-fils, capable d'avoir oublié de pareils encouragements.

Après ces aveux humiliants d'un mal, hélas! sans remède, comment aurais-je la témérité, moi, plus qu'octogénaire, de disserter avec vous, Monsieur, qui êtes jeune et plein de votre sujet, sur l'état actuel de la science qui vous est chère. C'est vous-même que j'irais consulter si je pouvais encore apprendre quelque chose.

Cependant, pour ne pas paraître tout à fait étranger aux connaissances que vous possédez, je remonterai vers le passé.

Chez les Grecs, Aristote qui fut aussi grand dans le domaine de la science qu'Homère dans celui de la poésie, consacra une partie de ses œuvres à l'histoire naturelle. Après bien des siècles, sa gloire scientifique l'emporte assurément sur celle du conquérant de l'Asie, d'Alexandre-le-Grand, dont il fut le précepteur.

Aristote eut pour élève Théophraste, qui reçut ce nom tant sa parole était enchanteresse et presque divine.

Il a écrit une histoire des plantes dans laquelle on retrouve le germe du système sexuel, tant il est vrai qu'il n'y a rien de nouveau sous le soleil et que certains génies de l'antiquité ont pressenti les découvertes de la science moderne. Théophraste a encore laissé sur les causes de la végétation un traité qui ne manque pas d'intérêt.

Chez les Romains, Pline l'Ancien, dont on a dit avec raison qu'il fut le précurseur des encyclopédistes, est surtout connu par ses travaux sur l'histoire naturelle.

Il eut été parfois plus exact si, contenant son ardeur au travail, qui fut excessive, il eût consacré plus de temps à l'observation des faits qu'il signale.

Pline, constamment voué à l'étude, eut dû mourir d'une mort tranquille, mais l'amour de la science engendre des dévouements sublimes.

Il voulut s'approcher du Vésuve pour être témoin de ses éruptions, et il y trouva une mort prématurée mais glorieuse pour ceux qui ont la passion de la science.

Lucrèce a consacré à l'histoire naturelle un poème qui a pour titre : « *De Natura rerum*, c'est-à-dire : De la nature des choses. Parfois il s'élève presque à la hauteur de Virgile, mais entre la poésie qui admet les fictions et la morale, dont les lois sont immuables, il y a quelquefois un abîme.

Lucrèce, sectateur zélé des doctrines épicuriennes, athée et matérialiste, se donna la mort quoique riche, savant et encore jeune.

Avait-il épuisé la coupe des plaisirs, ou bien, fidèle sectateur, croyait-il que la vie devait être exempte de douleurs? Nous l'ignorons, mais nous faisons des vœux pour que la génération qui s'élève ne subisse par l'influence de doctrines qui ont contribué à la décadence de l'empire romain.

Au moyen âge, les ordres religieux, dont on a trop souvent méconnu les grands services, vont les uns recueillir les plantes qui peuvent contribuer à la guérison des malades, tandis que d'autres font revivre les œuvres d'Aristote qu'on croyait perdues dans la nuit des temps.

Vers la même époque, Albert-le-Grand, après avoir enflammé les esprits, en Allemagne comme en France, par ses prédications religieuses, publie sur la philosophie et l'histoire naturelle des écrits qui par leur étendue et leur mérite, étonnent encore aujourd'hui les savants.

La philosophie et l'histoire naturelle nous apparaissent sous l'aspect de deux sœurs qui ne peuvent se séparer, quoiqu'ayant l'une et l'autre des caractères bien différents. L'une, guidée par les sentiments les plus élevés, mais toujours inquiète, cherche avec ardeur ce qu'elle ne peut trouver, la cause et l'origine des faits ; l'autre, avec une aimable sérénité, observe, constate, écrit ce qu'elle voit, ce qui lui paraît être.

Laissons de côté quelques noms peu célèbres et arrivons au siècle de Louis XIV, qui fut le point de départ des grandes découvertes de la science, basée non plus sur des hypothèses plus ou moins ingénieuses ou sur un empirisme hasardeux, mais sur l'observation des faits et de leurs conséquences.

Le grand roi avait confié à Pitthon de Tournefort la mission de rechercher en Orient les plantes inconnues à nos contrées. Il en rapporta, dit-on, 1.356 qui trouvèrent leur place dans le jardin du roi. Mais ce ne fut pas là son principal mérite.

Il établit une grande division des plantes entre les herbacées et les ligneuses. La forme de la corolle des plantes devint la base de ses classifications.

Tournefort n'eut guère le temps de jouir du succès de ses recherches, car après avoir couru mille dangers en Orient, où à cette époque un chrétien ne voyageait pas impunément, il mourut dans une rue de Paris, du simple choc d'une lourde voiture, laissant dans le monde savant une renommée qui dure encore.

Bientôt vint Linnée, le célèbre suédois.

Plein de modestie et de reconnaissance pour son aîné, il aimait à dire, en parlant de Tournefort, qu'il n'était que son élève.

Sans rejeter le système de son prédecesseur, système assez facile pour la masse des observateurs, il lui préféra une classification fondée sur la différence des organes sexuels, classification plus précise assurément, mais qui demande souvent le secours de la loupe. L'un et l'autre système ont longtemps partagé les suffrages des savants.

Deux nobles familles parmi les naturalistes, celles des deux de Candolle et des trois de Jussieu complètent la série des botanistes qui, au commencement du siècle, se sont fait le plus remarquer.

Dans ces derniers temps et sous nos yeux, MM. de Mirbel et Decaisne ont apporté chacun une pierre au monument de la science végétale. Nous sommes heureux de dire à l'honneur de M. Decaisne qu'entré au Jardin-des-Plantes dans une condition des plus modestes, puis devenu aide-naturaliste, il s'éleva jusqu'au titre de Directeur de Muséum et de membre de l'Institut. C'est là un noble exemple à offrir à ceux qui ont foi dans le travail et les récompenses qu'il peut amener.

Ici, nous nous arrêtons, sachant que la science comme les fleuves marche toujours, et que pour elle il n'y a ni temps d'arrêt, ni limites.

L'opinion des hommes peut changer, mais grâce à la prévoyance divine, cette opinion est sans influence sur les règles immuables de la création. La science ne peut qu'en constater la merveilleuse ordonnance.

Vous, Monsieur, qui en pratiquez le culte, vous voudriez, ce me semble, qu'elle maintint intact son langage vrai et technique et que certains auteurs modernes, sous le prétexte de l'orner ou de lui donner une forme plus pittoresque, ne vinssent pas, par des appellations nouvelles eu des descriptions fantaisistes, profaner les termes ou les classifications consacrés; son domaine vous paraît trop pur, trop digne de respect pour que le roman s'y installe.

Oui, sans doute, déjà plus d'un écrivain a présenté l'histoire naturelle sous un aspect plus flatteur que vrai : mais le mauvais exemple, dont le public est souvent friand, n'avait-il pas été donné par de prétendus historiens qui ont défiguré l'histoire, sous le prétéxte de la rendre plus populaire et d'instruire un plus grand nombre de lecteurs.

Pour obvier au mal que vous signalez avec tant de raison, je ne vois guère de remède, à moins que la science moderne ne trouve des interprètes tels que l'illustre Buffon, qui a mis sous nos yeux la réalité scientifipue et a su la rendre attrayante par un style qui touche à la poésie, ou bien encore des hommes tels que Cuvier, assez puissant pour faire revivre à nos yeux des races aujourd'hui disparues de la terre et qui savait ajouter à la science le don précieux de la parole.

De pareils hommes sont des météores qui n'apparaissent qu'à de longs intervalles pour étonner et éclairer le monde.

Rendons un solennel hommage à leur génie, mais tout en plaçant nos espérances dans l'avenir, attendons patiemment que le temps les révèle.

Quand on parle dans cette enceinte d'histoire naturelle, le nom de Pouchet, notre compatriote, vient sur toutes les lèvres, s'offre à tous les esprits.

Comment pourrais-je l'oublier, moi qui m'assis en même temps que lui sur les bancs d'un cours de philosophie et d'un cours de botanique dont je fus le coupable déserteur ; nous avons vécu assez longtemps en bons camarades pour que je fusse heureux de faire ici son éloge, en y mêlant un peu de critiqne, afin de faire mieux ressortir ses louanges. Cependant, son panégyrique a été fait maintes fois par des hommes d'un si haut mérite que je craindrais d'en affaiblir l'effet.

Une seule réflexion me sera permise peut-être.

Pouchet avait emprunté aux anciens la thèse de la génération spontanée ; il la développa avec talent, avec persévérance, fit école et eut de nombreux et fidèles disciples, à ce point qu'il put croire au succès.

Quel fut, après une lutte assez longue, son puissant adversaire ? M. Pasteur, auquel la France vient de décerner une récompense nationale, aux applaudissements du monde entier.

Succomber sous les efforts répétés d'un pareil adversaire, c'est mériter l'honneur d'être compté parmi les hommes qui ont obtenu un rang élevé dans la science.

Un dernier mot, Mesdames, avant d'avoir le regret de me séparer de vous.

Je vous ai parlé des fleurs, des charmes que vous leur prêtez quand vous en êtes parées ; peut-être oserais-je, si je n'avais que quinze ans et courais encore les champs, vous offrir un bouquet ; mais à mon âge, vouloir être galant, ce serait une trop grande aventure, celle d'un refus que je mériterais.

Je ne vous demande donc qu'un petit souvenir ; à un prochain revoir, Mesdames.

www.ingramcontent.com/pod-product-compliance
Ingram Content Group UK Ltd.
Pitfield, Milton Keynes, MK11 3LW, UK
UKHW021207230726
13926UKWH00001B/367